法兰管相贯线变坡口角度切割专机研究

杜宏旺　赵亚楠　著

哈尔滨工程大学出版社
Harbin Engineering University Press

内 容 简 介

本书是著者多年来对厚壁压力容器法兰管相贯线变坡口角度切割专机研究成果的总结。本书分析了切割专机的系统构成及应用特性;研究了法兰管相贯线变坡口角度切割专机的关键技术;开展了保证切割质量的限制条件和现场应用的初步研究,并探讨了该机电一体化设备稳定性的评价标准及保证切割质量稳定的方法。

本书可供从事法兰管相贯线变坡口角度切割专机研究的科技工作者、相关领域内数控工程师以及相关专业的大专院校师生参考。

图书在版编目(CIP)数据

法兰管相贯线变坡口角度切割专机研究/杜宏旺,赵亚楠著.—哈尔滨 :哈尔滨工程大学出版社,2021.10
ISBN 978-7-5661-3284-0

Ⅰ. ①法… Ⅱ. ①杜… ②赵… Ⅲ. ①法兰-管件-数控切割机-研究 Ⅳ. ①TG48

中国版本图书馆 CIP 数据核字(2021)第 196491 号

法兰管相贯线变坡口角度切割专机研究
FALANGUAN XIANGGUANXIAN BIAN POKOU JIAODU QIEGE ZHUANJI YANJIU

选题策划 雷 霞 **责任编辑** 张 昕 **封面设计** 李海波

出版发行 哈尔滨工程大学出版社
社　　址 哈尔滨市南岗区南通大街 145 号
邮政编码 150001
发行电话 0451-82519328
传　　真 0451-82519699
经　　销 新华书店
印　　刷 北京中石油彩色印刷有限责任公司
开　　本 787 mm×1 092 mm　1/32
印　　张 1.75
字　　数 48 千字
版　　次 2021 年 10 月第 1 版
印　　次 2021 年 10 月第 1 次印刷
定　　价 14.00 元
http://www.hrbeupress.com
E-mail:heupress@hrbeu.edu.cn

前　言

本书针对法兰管相贯线变坡口角度的切割特点，研究了法兰管相贯线变坡口角度切割专机，阐述了其机械结构特点和适用性。该切割专机的控制系统采用工业级一体机作为主控计算机，由 SMC304 多轴运动控制卡进行四轴运动协调控制，并利用二级硬件控制结构实现切割作业管理，协调四轴联动完成切割作业。在此基础上，本书进行了法兰管相贯线变坡口角度切割专机切割实验，实验结果表明，数控法兰管相贯线变坡口角度切割专机的机械本体结构和控制系统软硬件能够实现多种法兰管的切割，且能够高质量地完成法兰管相贯线处的坡口切割，提高了切割工作效率，保证了切割质量。

本书针对法兰管相贯线切割的特殊性，研究了机床式的法兰管相贯线变坡口角度切割专机，包括法兰管相贯线变坡口角度切割专机的机械本体结构、开放式数控系统硬件结构及开放式数控系统软件体系。考虑到法兰管存在圆度误差，且切割受热会产生变形的问题，为了保证切割质量，本书研究的切割专机具有切割轨迹离线示教功能和在线径向跟踪调整功能。

切割实验结果表明，法兰管相贯线变坡口角度切割专机能实现法兰管相贯线的自动切割，切面质量良好，系统运行稳定可靠、效率高，证明本书所研究的法兰管相贯线变坡口角度切割专机设计合理，能可靠地应用于工业现场，并可提高切割效率、降低工人劳动强度、保证切割质量。

在此感谢南京市江宁区科技部门对著者在法兰管相贯线变坡口角度切割专机的研究和推广过程中给予的支持与帮助。

著　者

2021 年 8 月

目　　录

第1章 概　　述

1.1 法兰管相贯线变坡口角度切割技术现状

当前,随着全球制造业不断朝着自主化、自动化,尤其智能化的方向发展,中国的制造业亟须紧随其步伐,与以往以劳动密集型的发展模式不同,自动化技术、智能化技术的重要性变得日益突出。在石油、化工、锅炉、核电和管道等行业的容器加工制造过程中,容器法兰管相贯线变坡口角度切割流程严重束缚着生产制造周期,无法满足国内相关企业提高生产效率的需要。法兰管相贯线的变坡口角度切割面呈空间异形曲面,目前国内厂家法兰管相贯线变坡口角度切割基本上仍以手工切割为主,工序复杂、环境恶劣、手工切面粗糙,切割之前需进行手工画线,切割后需要人工二次打磨,存在劳动强度大、切割效率低、作业环境恶劣、切面质量粗糙和切割精度低等问题,因此实际加工制造过程中迫切需要具有高度自动化与智能化的切割设备进行切割作业。

自动化技术、智能化技术在制造业领域被广泛应用,使得制造业大幅度减少了对人的依赖,同时提高了企业的生产率,有效降低了企业的生产制造成本,为企业生产提供了强大的动力——想要提升企业自身的市场竞争力和生产效率,就需要充分发挥机电一体化技术、自动化技术和智能化技术的优势。

法兰管的相贯线变坡口角度切割工作环境相对恶劣,且伴随着劳动力的日渐短缺和愿意从事职业技术工作的人逐渐减少,具有熟练切割技术的工人呈明显短缺趋势;与此同时,计算机技术、电子技术、数控技术、传感器技术、伺服技术、机电控制技术和机器人技术等也越来越成熟,使切割自动化变成一种必然的发展趋势,也使得法兰管相贯线变坡口角度切割专机朝着更加专业的方向发展,以满足不同切割作业环境的需要。具有高度自动化和智能化的切割专机已经成为广大科研工作者的重点研发方向。

1.2 法兰管相贯线变坡口角度切割专机研究背景及意义

在石化、核电、锅炉和管道工程中,法兰管相贯线变坡口角度切割在生产加工过程中占一定比例,是一种非常普遍的连接方式。法兰管的长度一般相对较短,且通常带法兰盘,管径不一且坡口形式也多种多样。

多关节串联机械手需要有针对性的编程,这是目前多关节串联机械手无法在此领域广泛应用的原因。实际生产加工过程中急需一种针对法兰管切割专用性很强的法兰管相贯线变坡口角度切割专机以解决典型关节机械手难以满足相贯线处的切割需要。生产具有自主知识产权且能满足法兰管相贯线变坡口角度切割的专机具有如下重要的社会和经济意义。

1.2.1. 弥补工厂劳动力短缺、降低手工切割强度、提高切割效率

法兰管相贯线变坡口角度切割面为空间异形曲面且坡口角度渐变,工人切割时通常处于一种蹲式切割姿势,对工人熟练使用手工割枪的技术要求较高。即使是熟练的工人手工切割后,通常也会存在较大尺寸加工误差,手工切割后需要工人花费大量时间进行人工打磨,劳动强度很大,且效率低下。自主研发的法兰管相贯线变坡口角度切割专机可以提高劳动生产率和降低切割工人的劳动强度,同时改变切割工厂劳动力日益短缺的状况。

1.2.2. 改善工人劳动环境

一些特殊的材料(如合金钢),在切割过程中会产生有害粉尘,且存在热辐射,尤其是二次打磨时产生大量金属氧化粉尘,致使切割工人的作业环境极其恶劣。采用数控法兰管相贯线变坡口角度切割专机可以改善工人的劳动环境。

1.2.3. 提高自主知识产权

目前,常见的法兰管相贯线切割数控系统几乎被国外所垄断,尤其是国内还没有法兰管相贯线变坡口角度切割专用数控系统;随着制造业的科技水平不断提高,中国已经完全具备自主研发专业切割自动化机电设备的能力,尤其是其数控切割系统的自主开发可使法兰管相贯线变坡口角度切割专机的数控系统具有更好的经济性和实用性,降低了国内数控切割系统技术对外国切割技术的依赖。

1.3 法兰管相贯线变坡口角度切割专机国内外发展现状

法兰管相贯线形式多种多样,在石油、化工、管道、核电、汽轮机、压力容器等结构中得到广泛应用,法兰管外径尺寸各不相同,相贯线处的坡口角度各异,而且在切割时需要同时在相贯线上预留焊接坡口,尤其是一些变角度坡口,其切割难度较大。

传统相贯线的切割基本分为以下四个步骤:人工划线、人工校线、手工切割、人工打磨。具体过程为首先在钢管上划出要切割的相贯线,接下来对钢管蒙皮,按所划出的相贯线进行手动切割,最后进行手工打磨。

由此可见,这种切割方式全靠人工手动完成,自动化程度低,工作强度大,要求工人对切割技术有较高的熟练程度;而人工切割导致切割处粗糙、质量差,尺寸误差和形状误差较大,浪费大,同时劳动条件恶劣,生产效率低下,因此这种方法无论在切割质量上还是在切割效率上都不能满足实际生产加工的需要。

随着世界经济和科技的快速发展,世界上各个国家对能源的需求也在不断增加,在石油、化工、核能、锅炉和管道等能源工业中法兰管的切割占比很大,鉴于人工切割的局限性,很多国家都在研发具有实用价值的法兰管相贯线变坡口角度切割专机,尤其是其数控系统;与此同时,随着中国经济的高速发展,中国对各种能源需求的不断增加,需要大力发展石油、化工、核能、压力容器和管道等产业,而这些行业当中,法兰管切割环节是制约生产能力的瓶颈之一,中国投入了大量财力和物力去引进、消化和吸收国外先进数控技术,与此同时也投入了资金进行自主研发,在最近十余年,各高校、科研院所和高科技公司都投入了大量的人力、物力、财力自主研发法兰管相贯线变坡口角度切割专机,以适应经济快速发展的需要。

1.3.1 国外发展现状

国外法兰管相贯线切割技术的研发起步较早,理论体系完善,产品较成熟,其中美国和西欧生产的数控相贯线切割专机代表了这一领域的研究水平和制造水平。美国一些公司在处理坡口角度切割时采用法剖面切割形式,以美国焊接协会(AWS)坡口角度切割标准为主,用以作为桁架梁焊接标准和管道焊接标准,满足大部分工厂焊接工艺需求。图1.1所示为美国KAAN公司超大管径相贯线变坡口角度切割专机,其采用AWS坡口角度切割标准。

图1.1 美国KAAN公司超大管径相贯线变坡口角度切割专机

日本KOPIC公司五轴法兰管相贯线变坡口角度切割专机如图1.2所示,其割炬运动采用五轴联动控制方式和轴剖面切割方案,割炬为平行四连杆机构和绕轴线旋转机构。该设备由多轴运动控制卡和工控一体机控制,系统结构相对复杂,切割管径范围相对较窄。

图 1.2　日本 KOPIC 公司五轴法兰管相贯线变坡口角度切割专机

美国 HGG 公司设计并制造加工的超大管相贯线变坡口角度切割专机,如图 1.3 所示。该切割专机适用于海洋工程、石化、管道等领域存在大管径(直径≥1 000 mm)、超长和超重管的管端相贯线切割和现场切割,采用角度传感器对滚轮支架驱动的法兰管转角和转速进行检测并形成闭环控制,从而实现法兰管相贯线周向变坡口角度的精确切割。

图1.3 美国HGG公司超大管相贯线变坡口角度切割专机

随着科技的不断发展,便携式的数控切割专机出现了,如英国Mathey制造的数控法兰管火焰切割专机(图1.4)。该切割专机为便携式数控两轴结构,比较适合于切割薄壁管。数控采用PC机生成G代码,切割专机通过读取G代码实现运动控制。因为该切割专机的机械本体为两轴数控结构,只能实现相贯线切割,所以无法实现变坡口角度切割。

图1.4 英国Mathey数控法兰管火焰切割专机

1.3.2 国内发展现状

中国在数控相贯线切割专机整机方面比较有代表性的公司有北京林克曼数控技术股份有限公司、发思特软件上海有限公司、武汉华中数控股份有限公司、上海宣邦科技有限公司等。国内管端数控系统通常采用上海交大方菱数控切割专机系统,高端法兰管相贯线切割专机通常采用美国海宝数控系统。

其中,北京林克曼数控技术股份有限公司生产的数控相贯线变坡口角度切割专机采用机床式结构,联动轴数为 5 ~6 轴,采用卡盘驱动方式,如图 1.5 所示。该切割专机能十分方便地切割加工管端相贯线变坡口工件,无须操作者计算、编程,只需输入法兰管相贯的空间位姿、半径、相交角度等参数,机器就能自动切割出法兰管的相贯线异形坡口。

图 1.5 北京林克曼数控技术股份有限公司数控相贯线变坡口角度切割专机

山东德州凯斯瑞智能装备有限公司生产的法兰管相贯线切割专

机,如图1.6所示。该切割专机采用滚轮支架进行驱动,是全自动圆管相贯线端头焊接坡口成型切割设备,适用于承载钢管结构和气液输送钢管结构中的各种相贯线端头相贯线切割,可应用于石油、船舶、压力容器、电力、电塔、水利、桥梁、起重机及建筑行业。该切割专机采用卡盘和托轮进行驱动,不受法兰管直径限制。

上海宣邦科技有限公司生产的新戈派系列切割专机采用传感器技术实现轨迹控制,切割小车在法兰管上爬行,将高精度的实时位置信息反馈给控制系统,然后在极微小的时间内跟随切割曲线,如图1.7所示。采用这种系统的设备,可以实现任意管道相贯线切割。这一技术也使新戈派系列成为国际爬管式数控管道相贯线切割专机的首创品牌和领军品牌。

图1.6 山东德州凯斯瑞智能装备有限公司生产的法兰管相贯线切割专机

图 1.7　上海宣邦科技有限公司生产的新戈派系列相贯线切割专机

此外,国内还有一些大学和科研院所研究和开发了一些法兰管相贯线切割专机。西北工业大学研发的切割专机采用直角坐标系下的四轴联动控制方式,要求待切管固定不动,割炬在被切管上移动,因此该切割专机既不能切割两轴线斜交的相贯线,也不能切割支管端面相贯线。武汉大学研发的数控切割专机可以切割支管相贯线和三管相贯线。天津大学在海洋平台项目研究的基础上,设计了一种算法来求解海洋平台中出现的多管相贯问题。

国内外法兰管相贯线变坡口角度切割专机主要特点体现如下:

①目前国内外研发的法兰管相贯线变坡口角度切割专机多采用三爪卡盘或者四爪卡盘进行装卡并旋转驱动,卡管方式切割通常适合于管径和质量小的法兰管;

②同时针对一些特殊的法兰管相贯线切割需求,国内外一些公司也研发了特殊结构形式的法兰管相贯线切割专机以满足实际生产需求;

③随着法兰管切割专机专业化的研究与发展,国内外研发了一些

专用法兰管切割机器人,但这些机器人只能用于管径相对较小及轴向切割距离比较小的相贯线切割,通常需要变位机的辅助变位,才能实现切割作业。

上述国内外用于法兰管切割的相贯线切割专机在进行法兰管切割作业时具有一定的优越性,能提高生产率和降低切割工人劳动强度。

但法兰管相贯线切割专机在加工对象、性能指标方面仍与法兰管切割专机有一定的区别,这就使得其切割算法、数控系统和机械结构本体有本质上的区别。因此,本书将研究一种主要针对法兰管相贯线变坡口角度切割专用机械,以较好地满足实际生产和市场需求。

第2章　法兰管相贯线变坡口角度切割专机机械本体研究

目前,在海洋工程、压力容器、石油化工和管道工程等压力容器领域的法兰管切割中,法兰管相贯线变坡口角度的切割多采用人工切割,这种切割轨迹为复杂的空间曲线,坡口表面呈三维曲面形式,管径不一,相贯线坡口曲面各异。另外,人工切割条件恶劣、劳动强度大、切割效率低且质量难以保证。传统的串联多关节机械手因其基座相对固定,很难实现空间内不同位置的相贯线切割作业,需要一线工人编程操作。本书针对法兰管相贯线切割的特殊性,研制了一种特殊结构的法兰管相贯线变坡口角度切割专用机械。新研制的法兰管相贯线变坡口角度切割专机具有空间固定、占地面积小的特点,方便人工操作的优点。

2.1　法兰管主要类型

在锅炉、压力容器、石油、化工等行业普遍存在着图2.1所示的容器壳体法兰管相贯线类型,目前国内多数厂家仍然采用先人工组接,再在容器内部切割打磨的切割方式。本书研发了一种法兰管相贯线变坡口角度切割专机,用于法兰管与厚壁容器相贯线处的空间异形曲面的切割。数控系统切割类型涵盖四大类,即容器壳体内插式。容器壳体外座式、等径管变坡口式、等径管全贯式，总计四大类十五种。

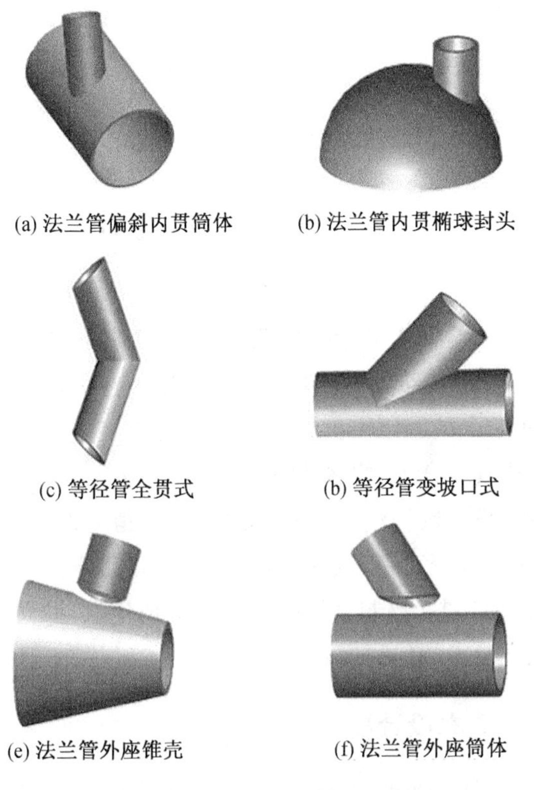

(a) 法兰管偏斜内贯筒体　(b) 法兰管内贯椭球封头

(c) 等径管全贯式　(b) 等径管变坡口式

(e) 法兰管外座锥壳　(f) 法兰管外座筒体

图 2.1　容器壳体法兰管相线类型

目前，法兰管变坡口角度切割的方式基本上仍采用先手工预制切割，再人工打磨，如对于法兰管与筒体垂直内插相贯，法兰管直径为 600 mm、壁厚为 50 mm、筒体外径为 3 000 mm，如果采用人工切割打磨加工方法，则首先需要由人工进行划线，再由人工校核划线，手工切割后进行人工砂轮打磨，这会花费大量时间和体力。如果工人在筒体或壳体内部进行切割、打磨,壳体内部通风条件极差,切割时产生的有害气体、金属氧化粉尘弥漫在壳体内部,对人体有害;另外有些特殊材料的法兰管切割需要在预热的条件下进行,切割操作的特殊环境,本就使切割工人劳动强度极大,加上恶劣的切割环境,工人更加难以进行长时间的切割作业。

2.2 机械本体设计

适用于短法兰管相贯线的变坡口角度切割的切割专机的机械本体在满足切割仿形运动的条件下应具有多个自由度,且机械结构合理,切割机头装卡的割炬可扩展性较强,以适应不同材料的切割;控制系统的硬件构成应合理,控制系统软件人机交互界面以便于工人操作为主要开发标准。数控法兰管相贯线变坡口角度切割专机整机要具备造价低、运行安全可靠、操作简便、切割质量稳定的特点,主要用于碳钢、不锈钢的切割,控制系统的操作应可视化强、操作简便,能代替技术工人完成繁重的切割作业。

2.2.1 基本设计要求

针对作业对象,考虑到工厂作业环境和切割对象的特殊性,在设计法兰管相贯线变坡口角度切割专机时,针对集中加工的特点,将法兰管相贯线变坡口角度切割专机设计为可以精确定位,定位后即可迅速进行相贯线切割作业,这样法兰管相贯线变坡口角度切割专机就可以代替工人,实现自动化作业。基于此,法兰管相贯线变坡口角度切割专机应满足如下要求:

(1)法兰管相贯线变坡口角度切割专机为多轴数控联动

将整机设计成固定在工位上进行法兰管相贯线变坡口角度的切割,利于集中切割作业,以满足不同客户的需求。

(2)法兰管相贯线变坡口角度切割专机可适配不同配置的割炬

切割专机能同时满足碳钢、不锈钢材料的切割需求,可以夹持氧气乙炔火焰割枪及等离子割枪;对于一些特殊复合材料的切割,可以夹持高压水割枪;满足不同用户的需求,并保证其可靠性和经济性。

(3)法兰管相贯线变坡口角度切割专机操作系统要便于操作

因为切割作业的特殊环境,且技术工人相对不足,人机界面操作系统应具有多种友好的人机交互功能,以达到尽量简化操作的目的,操作人员只需经过简单培训,就可以进行系统操作。

(4)法兰管相贯线变坡口角度切割专机要具有较高的精度

法兰管相贯线变坡口角度切割专机应具有较高的定位精度、重复定位精度,以满足高精度切割的要求。

2.2.2　切割专机主体机械结构

法兰管相贯线变坡口角度切割专机具有四个自由度,四个运动轴分别控制绕法兰管轴心回转的立车卡盘、半径伸缩臂、升降臂、割枪摆动机构,以实现切割过程中相贯线仿形运动,其整机结构如图2.2所示。法兰管相贯线变坡口角度切割专机控制系统由具有连续插补功能的多轴运动控制卡进行控制,以确保运动平稳无抖动。

切割专机具有四个自由度的串联关节机械臂结构,可以实现切割过程中复杂仿形运动,即通过立车卡盘直接装卡法兰管定位,当法兰管尺寸较大时,可以通过工装间接将该法兰管装卡在立车卡盘上。该结构切割专机适合工厂进行集中切割作业。

图 2.2　法兰管相贯线变坡口角度切割专机整体结构

2.2.3　主要技术参数

切割专机的主要技术参数如表 2.1 所示。

表 2.1　切割专机的主要技术参数

序号	参数	指标
1	自由度	四轴联动
2	法兰接管外径/mm	80 ~ 1 000(法兰盘)
3	法兰管高度/mm	1 500（法兰管轴向高度）
4	容器厚度/mm	≤220（根据配置割枪可适应加大）
5	割枪长度/mm	180
6	坡口角度/(°)	±60
7	切割精度/mm	±0.5
8	设备供电电压/V	220
9	设备功率/W	1 000
10	切割速度	由数据库提供,也可在切割过程中调节

表 2.1(续)

序号	参数	指标
11	割枪	火焰、等离子、高压水等
12	整机质量/t	2
13	设备高度/m	2(仅指升降立柱处)
14	占地面积/m^2	1.3×2.8

2.3　运动学分析

法兰管相贯线变坡口角度切割专机为典型的多关节串联机器人结构，分析时将法兰管相贯线变坡口角度切割专机的基座作为第 0 号坐标系，即定义为首连杆，而将末端执行器割枪作为最后一个连杆，即定义为末端连杆，两者之间的连杆按照顺序依次定义为连杆坐标系。

本专机由多个连杆依次串联组成，从法兰管相贯线变坡口角度切割专机回转立车卡盘到割枪摆动机构，各个连杆编号依次为 0，1，2，3，4，5，则可以写出各个连杆坐标变化方程并依次相乘得出法兰管相贯线变坡口角度切割专机的坐标变换方程：

$$ {}_5^0\boldsymbol{T} = {}_1^0\boldsymbol{T}{}_2^1\boldsymbol{T}{}_3^2\boldsymbol{T}{}_4^3\boldsymbol{T}{}_5^4\boldsymbol{T} \tag{2-1} $$

式中，${}_i^{i-1}\boldsymbol{T}(i=1,2,3,4,5)$是指两个连杆之间的相对坐标变换。

根据上述坐标变换方程，可以求出每个连杆坐标系相对于前一连杆坐标系的位置和姿态变换方程。确定两个连杆之间的变换矩阵是建立机器人运动学的基础，连杆之间的变换矩阵依次相乘就可以获得法兰管相贯线变坡口角度切割专机的运动学方程。

由前所述，按照图 2.3 法兰管相贯线变坡口角度切割专机关节相互之间的关系，建立起法兰管相贯线变坡口角度切割专机的 D－H 连杆坐标系,如图 2.3 所示。图中的坐标系$\{x_0, y_0, z_0\}$和$\{x_4, y_4, z_4\}$分别代表基础坐标系和末端执行器割枪的坐标系。根据 Denavit – Hartenberg 理论,可以得出图 2.3 中各连杆参数的坐标系变换参数,如表 2.2 所示。

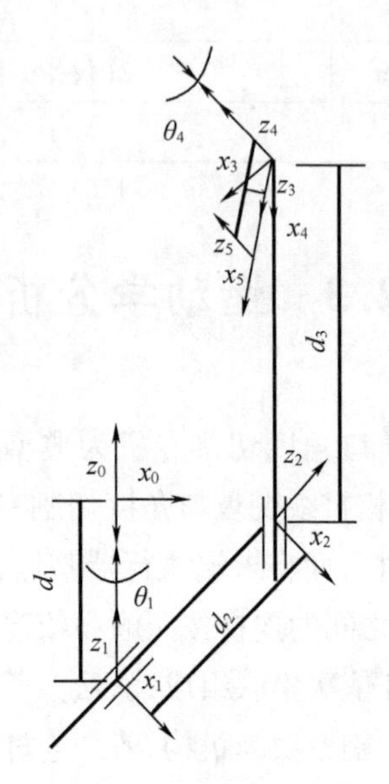

图 2.3　D – H 连杆坐标系

表 2.2　D – H 连杆参数

连杆序号 i	a_{i-1}	α_{i-1}	d_i	θ_i	关节变量	备注
1	0	0°	$-d_1$	$-\theta_1$	θ_1	无限旋转
2	0	–90°	d_2	0	d_2	0 ~ 1.5 m
3	0	–90°	d_3	90°	d_3	0 ~ 1.7 m
4	0	–90°	0	$-\theta_4$	θ_4	±90°
5	0	0°	l	0		

表2.2中,每个连杆都由四个参数a_{i-1}、α_{i-1}、d_i、θ_i进行描述,其中a_{i-1}和α_{i-1}描述连杆$i-1$自身的特征,d_i、θ_i描述连杆$i-1$与连杆i之间的关系。对于串联机器人言,每个关节只有一个自由度。因此在研究本专机时,对于数控法兰管相贯线变坡口角度切割专机旋转关节i,θ_i是转动关节变量,此时其他三个参数固定不变;而对于切割专机的移动关节i,只有d_i是关节变量,此时其他三个参数固定不变。

连杆坐标系变换矩阵${}_i^{i-1}\boldsymbol{T}$是表示连杆坐标系$\{i\}$相对于连杆坐标系$\{i-1\}$的变换,显然${}_i^{i-1}\boldsymbol{T}$与四个参数a_{i-1}、α_{i-1}、d_i、θ_i相关,因此在连杆变换时,变换矩阵${}_i^{i-1}\boldsymbol{T}$可以分解为四个基本子变换:先绕x_{i-1}轴旋转α_{i-1},变换矩阵为$\boldsymbol{rot}(x,a_{i-1})$;然后沿$x_{i-1}$轴移动$a_{i-1}$距离,变换矩阵为$\boldsymbol{trans}(x,a_{i-1})$;再绕$z_i$轴旋转$\theta_i$,变换矩阵为$\boldsymbol{rot}(z_i,\theta_i)$;最后沿$z_i$轴移动$d_i$,变换矩阵为$\boldsymbol{trans}(z_i,d_i)$。

连杆坐标系变换矩阵为

$${}_i^{i-1}\boldsymbol{T}=\begin{bmatrix}\cos\theta_i & -\sin\theta_i & 0 & a_{i-1}\\ \sin\theta_i\cos\alpha_{i-1} & \cos\theta_i\sin\alpha_{i-1} & -\sin\alpha_{i-1} & -d_i\sin\alpha_{i-1}\\ \sin\theta_i\sin\alpha_{i-1} & \cos\theta_i\cos\alpha_{i-1} & \cos\alpha_{i-1} & d_i\cos\alpha_{i-1}\\ 0 & 0 & 0 & 1\end{bmatrix}\tag{2-2}$$

根据连杆坐标系D-H之间的关系,可以得到各坐标系之间的互相变换,因为这些因子都是相对于动坐标系描述的,按照从左向右的原则,可以得到${}_i^{i-1}\boldsymbol{T}=\boldsymbol{rot}(x,a_{i-1})\boldsymbol{trans}(x,a_{i-1})\boldsymbol{rot}(z,\theta_i)\boldsymbol{trans}(z,d_i)$,则相邻连杆坐标系之间的齐次变换矩阵为

$${}_1^0\boldsymbol{T}=\begin{bmatrix}\cos\theta_1 & \sin\theta_1 & 0 & 0\\ -\sin\theta_1 & \cos\theta_1 & 0 & 0\\ 0 & 0 & 1 & -d_1\\ 0 & 0 & 0 & 1\end{bmatrix}\tag{2-3}$$

$$
{}_2^1\boldsymbol{T}=\begin{bmatrix}1&0&0&0\\0&0&1&d_2\\0&-1&0&0\\0&0&0&1\end{bmatrix} \tag{2-4}
$$

$$
{}_3^2\boldsymbol{T}=\begin{bmatrix}0&-1&0&0\\0&0&1&d_3\\-1&0&0&0\\0&0&0&1\end{bmatrix} \tag{2-5}
$$

$$
{}_4^3\boldsymbol{T}=\begin{bmatrix}\cos\theta_4&\sin\theta_4&0&0\\0&0&1&0\\-\sin\theta_4&-\cos\theta_4&0&0\\0&0&0&1\end{bmatrix} \tag{2-6}
$$

$$
{}_5^4\boldsymbol{T}=\begin{bmatrix}1&0&0&l\\0&1&0&0\\0&0&1&0\\0&0&0&1\end{bmatrix} \tag{2-7}
$$

因为考虑到具体结构设计上的原因，将各个连杆变换矩阵 ${}_n^{n-1}\boldsymbol{T}(i=1,2,\cdots,n)$（$n$ 为关节数）相乘，即 ${}_5^0\boldsymbol{T}={}_1^0\boldsymbol{T}{}_2^1\boldsymbol{T}{}_3^2\boldsymbol{T}{}_4^3\boldsymbol{T}{}_5^4\boldsymbol{T}$，可得

$$
{}_5^0\boldsymbol{T}=\begin{bmatrix}\sin\theta_1\cos\theta_4&\sin\theta_1\sin\theta_4&-\cos\theta_1&-l\sin\theta_1\cos\theta_4+d_2\sin\theta_1\\-\cos\theta_1\cos\theta_4&-\cos\theta_1\sin\theta_4&-\sin\theta_1&-l\cos\theta_1\cos\theta_4+d_2\cos\theta_1\\\sin\theta_4&\cos\theta_4&0&-l\sin\theta_4-d_1-d_3\\0&0&0&1\end{bmatrix} \tag{2-8}
$$

式(2-8)表示末端连杆割枪的位姿与关节变量 θ_1、d_2、d_3、θ_4 之间的函数关系。

2.4　逆运动学求解

所谓逆运动学求解,顾名思义就是机械臂正运动学的逆过程。在机械臂的正运动学中,关注的重点是各个关节的变化量引起的末端执行器位置、姿态的变化,而逆运动学则与之相反,是当末端执行器的位置姿态已知的情况下反推其各个关节的变化情况。对机器人逆运动学的求解是后续机械臂运动控制、相贯线切割运动轨迹规划的基础,是机器人运动控制领域的核心问题之一。

法兰管相贯线变坡口角度切割专机运动学的求解可以分为正解问题和逆解问题。正解问题如上所述,根据已知各杆的结构参数和关节参数,求解末端执行器割枪的空间位姿,即解得${}_5^0\boldsymbol{T}$ 的值;逆解问题则是运动学的逆解,已知满足工件切割要求时割枪的空间位姿,就是已知末端执行器割枪的${}_5^0\boldsymbol{T}$ 值,求解各个连杆的关节变量,从而可以利用编程进行运动控制。

2.5　小　　结

本章针对法兰管相贯线变坡口角度切割的特殊性,研发了切割专机机械本体并进行了运动学分析和建模。切割专机具有设计合理、结构紧凑、占地空间小及方便工人操作的优点。

第3章 法兰管相贯线变坡口角度切割专机控制系统

控制系统是法兰管相贯线变坡口角度切割专机的重要组成部分，用于进行切割作业以及多种切割过程参数的管理，对切割控制起着至关重要的作用，因而需要合理配置控制系统的硬件并对控制系统的软件进行设计。法兰管相贯线变坡口角度切割专机的硬件主要有工业控制计算机、多轴运动控制卡、驱动器、交流伺服电机、步进电机和运动执行部件；需要携带的外置设备主要有热切割气源、等离子电源和割枪等。下面对法兰管相贯线变坡口角度切割专机的部分关键器件和辅助器件性能进行详细研究，以更好地阐述系统的组成和研发过程。

3.1 硬件系统

法兰管相贯线变坡口角度切割专机是以 Win7 作为操作系统的工业控制计算机加上功能强大的 SMC304 多轴运动控制卡作为切割专机的控制系统平台，并以工业控制计算机与 SMC304 为核心。两者之间以 WAN 总线方式相连来确保可靠性；SMC304 是由深圳市雷赛科技有限公司最新研发生产的一款功能强大的多轴运动控制卡，其本身就是一个功能完整的嵌入式多任务计算机。SMC304 适用于法兰管相贯线变坡口角度切割专机的运动控制。它可以控制四个关节的运动:绕法兰管轴心旋转的立车卡盘(旋转关节)、半径伸缩臂(伸缩关节)、升降臂(升降关节)和割枪摆动机构(割枪关节)。此外其包含多路数字I/O和DA/AD装置,可生成各种控制运动曲线的轨迹。该系统以工业控制计算机作为核心,可以方便地实现人机界面、仿真和离线编程等功能。SMC304多轴运动控制卡通过一些必要的运算向伺服驱动单元发送指令完成预期的运动控制。数控法兰管相贯线变坡口角度切割专机的控制系统结构如图3.2所示。

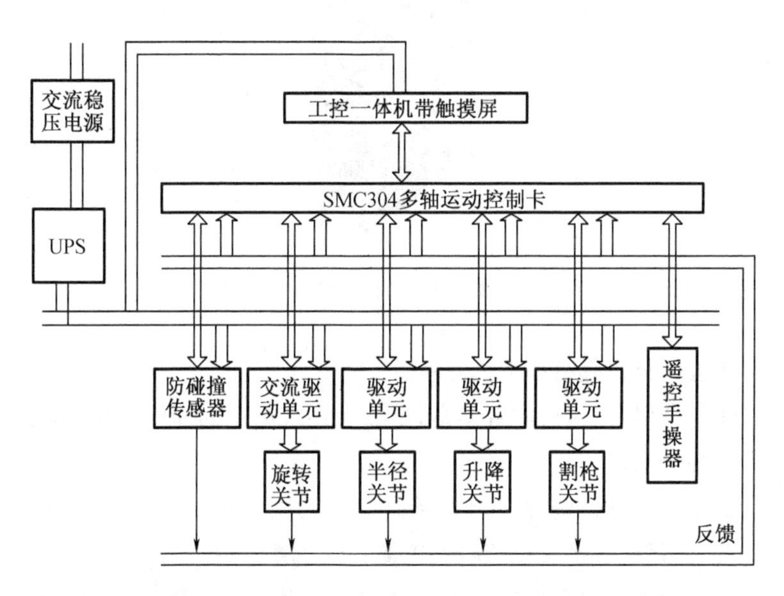

图3.1　数控法兰管相贯线变坡口角度切割专机的控制系统结构

3.1.1　工业控制计算机

设计的切割专机所采用的工业控制计算机为工控一体机,如图

3.2 所示。该一体机具有标准化、精确化的特点,是一种可靠的计算机系统。这种类型的系统经常用在工厂、实验室、可编程控制的复杂系统的机器上。工控一体机与 SMC304 配合使用,能保证法兰管相贯线变坡口角度切割专机数控系统的运算、运动控制以及实时响应,保证切割专机的正常运行。

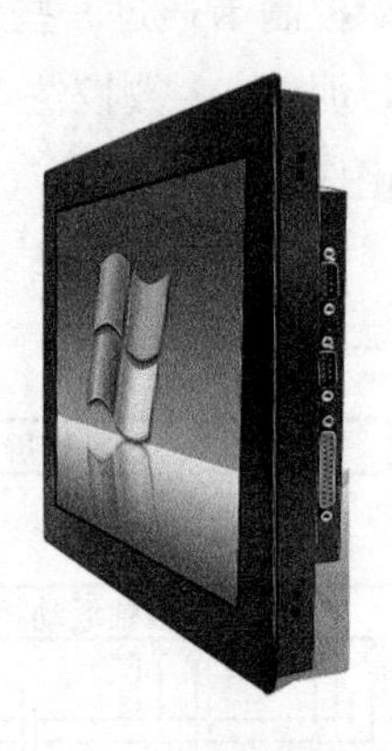

图 3.2　工控一体机

工控一体机具有如下优点:

①结构紧凑、接口配置丰富,是数控系统应用的理想产品,满足切割专机控制需求;

②丰富的软件资源,与 PC 系统兼容的操作系统、电容触摸屏、开发工具、应用软件都可以运行在工控一体机系统中;

③开放的高可靠性工业规范,低功耗,耐高低温设计,功能一体模块化设计。

3.1.2　多轴运动控制卡

法兰管相贯线变坡口角度切割专机采用工控一体机和 SMC304

多轴运动控制卡可以很好地完成法兰管切割任务。SMC304 多轴运动控制卡如图 3.3 所示。利用 SMC304 多轴运动控制卡,法兰管相贯线变坡口角度切割专机可以实现四个关节的连续插补运动控制。SMC304 多轴运动控制卡的主要优点是具有四轴连续插补功能,这使切割专机在整个切割过程的四轴协调运动插补具有高度的柔性、灵活性和快速性,能满足现代数控系统对前瞻处理的实时性需求。切割实验结果也表明该功能有效降低了切割专机在运动时的震动,可以很好地保证切割质量和切割精度。

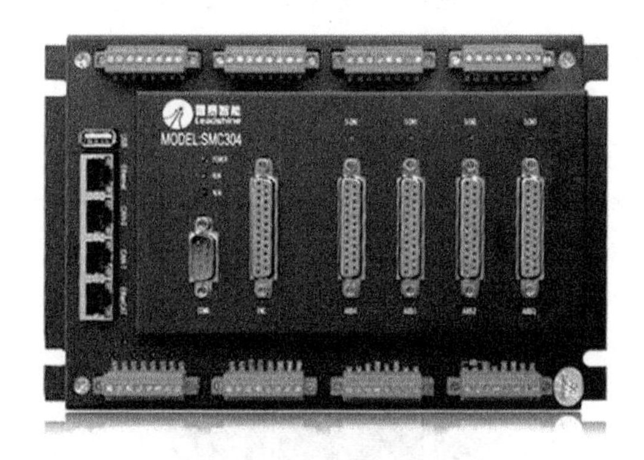

图 3.3　SMC304 多轴运动控制卡

3.1.3　驱动电机

法兰管相贯线变坡口角度切割专机为四轴串联多轴运动机构,包括回转主轴立车卡盘、半径伸缩臂、升降臂、割枪摆动机构。回转主轴立车卡盘采用交流伺服电机驱动控制,其余三个驱动轴均采用步进电机驱动控制,以满足本系统调速范围宽、响应快速、抗干扰能力强等要求。回转主轴立车卡盘选用了日本安川交流伺服马达 SGML -

02AF14 和与之匹配的伺服驱动器 SGDL－02AS。回转主轴立车卡盘交流伺服系统如图 3.4 所示。该伺服马达具有全封闭结构,额定功率 200 W,额定转矩 0.63 N·m,额定转速 3 000 r/min,具有可靠性高、快速性好、同功率下质量和体积均较小等优点。该伺服马达还自带一个高精度增量式编码器(1 024 P/r)。伺服驱动器可实现速度和转矩的控制,控制方式为单相全波整流正弦波驱动,具有过电流、过负载、过电压、过速度、CPU 异常、编码器异常等保护功能。本系统采用速度、位置混合控制方式,伺服驱动器接收控制系统的脉冲信号来控制电机的转速,并且通过方向控制(DIR)的正负来确定电机的正反转,从而确定切割专机在切割时的运动距离、运动速度和运动方向。

图 3.4　回转主轴立车卡盘交流伺服系统

其余三个驱动轴采用斯达特两相混合式步进电机,如图 3.5 所示。其采用耐高温永磁体和优质冷轧钢片制造,产品规格涵盖 20～130 mm,具有低噪声、低振动、低发热的特点,可靠性和稳定性高,且由于内部良好的阻尼性,其运行平稳,无明显的振荡区,可满足自动化行业不同工况的使用。该电机较好地解决了传统步进电机低速爬升、高速力矩小、启动频率低等问题，具备交流伺服的某些特性，控制效果可与进口产品相媲美。另外该电机还具有输出转矩大、转速高、效率高、高速停止平稳快速、无零速振荡、运行平稳等特点。该电机响应速度快，适用于切割半径轴频繁启停的环境。

图 3.5　斯达特两相混合式步进电机

3.1.4　减速器

法兰管相贯线变坡口角度切割专机的回转主轴立车卡盘的减速器采用高精度行星减速器；交流伺服电机是高转速、低扭矩的驱动部件，伺服马达的输出轴要经过减速器减速，才能达到转速和转矩的要求。本书回转主轴减速器选用了德国 Neugart 公司的 PLE80 精密行星齿轮箱，减速比为 40∶1，额定输出扭矩为 120 N · m，如图 3.6 所示。与其他减速器相比，这种行星齿轮传动的减速器有其显著的优点：输出扭矩和效率高、承载能力强、质量和体积小、传动比大。利用这种减速器驱动装置能使法兰管相贯线变坡口角度切割专机的切割旋转速度根据作业要求在 2 ~ 8 m/min 内进行无级调速，实现切割专机切割作业。

图 3.6　德国 Neugart 公司的 PLE80 精密行星齿轮箱

3.2　切 割 算 法

与传统的典型串联关节手臂机器人有所不同，本书的法兰管相贯线变坡口角度切割专机切割类型涵盖四大类，即容器壳体内插式、容器壳体外座式、等径管变坡口式和等径管全贯式共计十五种类型。其中容器壳体内插式主要包括法兰管内插筒体相贯、法兰管内插锥壳相贯、法兰管内插椭球封头相贯、法兰管内插球封头相贯等。等径管全贯式包括等径管全贯截断、等径管单端变坡口、等径管截断端上侧变坡口、等径管截断端下侧变坡口。容器壳体外座式主要包括法兰管与筒体相贯外座式变坡口、法兰管与椭球封头相贯外座式变坡口、法兰管与锥壳相贯外座式变坡口等。等径管变坡口式主要有等径管三通内外壁相贯。

其作业对象主要为管与筒体相贯线、管与椭球封头相贯线的切割，因而有必要建立管切割相贯线的数学模型，即通过建立割枪的空间运动轨迹模型来推导出各个关节相应的运动方程，再通过各个关节的协调运动实现空间异形曲面的切割作业。

在石油、化工、锅炉等压力容器壳体中最为普遍的结构形式为法兰管内外壁同时与筒体内壁相贯。因而在生产实际中，管与筒体之间的连通是较为广泛的管连接方式之一，法兰管内外壁同时与筒体形成内壁相贯，而内插式正插管切割占法兰管切割总量比例较大。本书在管与筒体相贯线数学模型算法中以正插、偏插和偏斜插等连接方式为研究对象，且为了不失相贯线轨迹算法的一般性，在研究过程中设置法兰管与筒体为偏斜内插的方式连接，并将偏斜内插的相贯方式作为对象来研究法兰管与筒体内插式相贯的通用数学研究模型。

如图 3.7 所示，法兰管与筒体为内插式，即法兰管外壁、内壁同时与筒体内壁相贯，即同时存在内径相贯和外径相贯两种情况，且内壁相贯线与外壁相贯线在法兰管坡面连接形成空间异形待切割曲面。本书为了进行理论推导且不失一般性，只考虑管相贯处的结构尺寸。图 3.7 中 R 为筒体内壁半径，r 为管的内壁半径或外壁半径；筒体和管分别采用 $x_0y_0z_0$ 和 $x_1y_1z_1$ 直角坐标系，o_0 和 o_1 分别为两个直角坐标系的原点。同时为了方便切割时零点的确定，本书设置 z_1 与管的轴线方向相同，轴 x_1 垂直于 $y_0o_0z_0$ 平面，另外，图中 α 表示 $x_1o_1z_1$ 平面与 $x_0o_0z_0$ 平面的夹角，b 表示 z_1 轴偏离 $y_0o_0z_0$ 平面的距离。其中 x_1 方向的定位主要是为了确定切割时的零点位置。

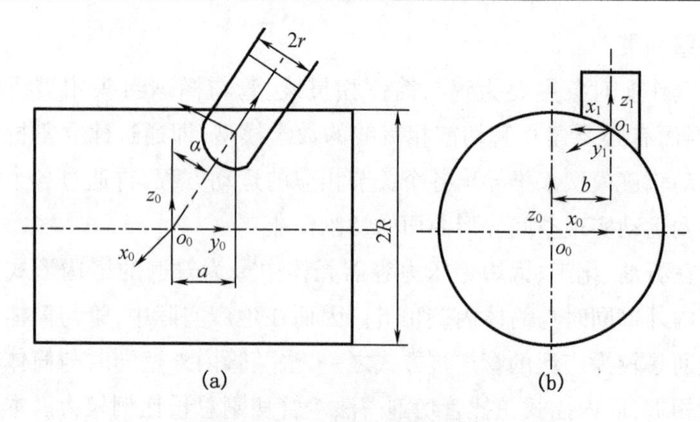

图 3.7　法兰管与筒体相贯

在坐标系 o_0 中，筒体的空间曲面数学模型可表示为

$$x_0^2 + z_0^2 = R^2 \tag{3-1}$$

在坐标系 o_1 中，法兰管的空间曲面数学模型可表示为

$$x_1^2 + y_1^2 = r^2 \tag{3-2}$$

根据坐标系 $x_1y_1z_1$ 相对于坐标系 $x_0y_0z_0$ 的关系，可以获得坐标系的变换矩阵：

$$\begin{bmatrix} x_0 - b \\ y_0 - \sqrt{R^2 - b^2}\tan\alpha \\ z_0 - \sqrt{R^2 - b^2} \end{bmatrix} = \begin{bmatrix} -1 & 0 & 0 \\ 0 & -\cos\alpha & -\sin\alpha \\ 0 & -\sin\alpha & \cos\alpha \end{bmatrix} \begin{bmatrix} x_1 \\ y_1 \\ z_1 \end{bmatrix} \tag{3-3}$$

将坐标系 o_0 的筒体方程转换到坐标系 o_1 中，根据坐标变换可以获得方程：

$$(x_1 - b)^2 + (y_1\sin\alpha - z_1\cos\alpha + \sqrt{R^2 - b^2})^2 = R^2 \tag{3-4}$$

因为所有方程都已经在坐标系 o_1 中表示，并设 $x_1 = r\cos\theta$ 和 $y_1 = r\sin\theta$，且由于结构上的原因，$\sqrt{R^2 - (x_1 - b)^2} > 0$，所以对式(3-4)进

行求解可得相贯线为

$$\begin{cases} x_1 = r\cos\theta \\ y_1 = r\sin\theta \\ z_1 = \left[r\sin\theta\sin\alpha + \sqrt{R^2 - b^2} - \sqrt{R^2 - (r\cos\theta - b)^2}\right]/\cos\alpha \end{cases} \tag{3-5}$$

上述公式即为在坐标系 o_1 中法兰管相贯线在圆柱坐标系内的表述形式,其中 θ 表示在坐标系 o_1 中位于 x_1 上的初始点逆时针的旋转角度;法兰管与筒体为偏斜内插式时,参数 R 为筒体内半径;参数 r 可以代表法兰管外壁半径或内壁半径,如为外半径 r_w、内半径 r_n。法兰管与筒体为内插式时,法兰管内壁、外壁分别与筒体内壁相贯并形成空间异形曲面。法兰管相贯线切割专机的第一个旋转关节的旋转轴心与法兰管轴心同轴,即可实现切割作业。在实际工程切割中最为常见的是 α 和 b 为零的情况,即法兰管与筒体正内插相贯。当 b 为零而 α 不为零时,法兰管与筒体为正斜插相贯。当 α 较大时,在切割工艺准许情况下,可以在法兰管内部及外部进行分段切割作业。

3.3　人机交互系统

操作系统的人机交互功能是决定计算机系统友好操作性的一个重要因素,法兰管相贯线变坡口角度切割专机的软件操作平台在很大程度上决定了控制系统的工作方式、工作效率及其开放程度。法兰管相贯线变坡口角度切割专机控制系统基于 Win7 操作系统。采用面向对象方法,利用 VS13 软件开发工具来编写运动控制程序。

3.3.1 控制系统功能

本专机系统按照功能划分为人机交互系统、运动控制系统、切割系统等三个主要功能模块,其功能结构如图 3.8 所示。

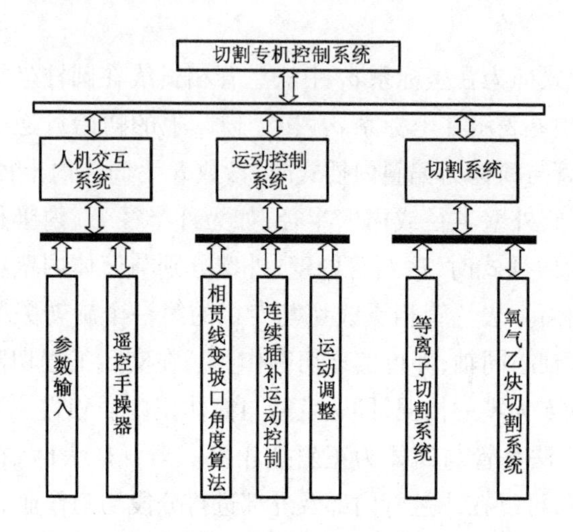

图 3.8 控制系统功能结构

运动系统是负责整个法兰管相贯线变坡口角度切割专机机械运动的模块,关节臂运动控制机构负责切割专机各个运动轴的运动。控制系统是控制整个数控法兰管相贯线变坡口角度切割专机工作的模块,完成对各个关节的控制。简而言之,控制系统就是根据实际切割情况进行参数输入和完成切割运动数据处理,并根据数据处理的结果进行指令输出完成运动控制,使控制系统正常运转。

切割系统是指热切割工具,目前切割系统主要为氧气乙炔(或丙烷)切割系统、等离子切割系统和高压水切割系统。氧气乙炔切割系统主要用于碳钢切割,等离子切割系统主要用于不锈钢材料切割,高压水切割系统主要用于复合材料的切割；运动控制需要考虑不同角度切割缝隙运动补偿，并保证切割精度。

本书研究的专家管理系统主要负责和管理一些特定的数据，切割数据管理系统为切割专机整体切割信息建立文件，允许对运动信息文件进行读写和分析操作；系统负责为每个切割法兰管建立切割信息文件，切割信息文件记录了关于此次切割的所有切割信息。

3.3.2　软件系统结构

本书采用开放化、模块化思想设计法兰管相贯线变坡口角度切割专机控制软件系统。模块化的设计可以将整个软件系统分成多个功能模块，然后分别对每个功能模块进行研发。这样设计的软件具有很好的开放性和拓展性，非常有利于控制软件的功能扩展，以及便于软件切割功能的二次开发和升级软件系统结构，如图 3.9 所示。

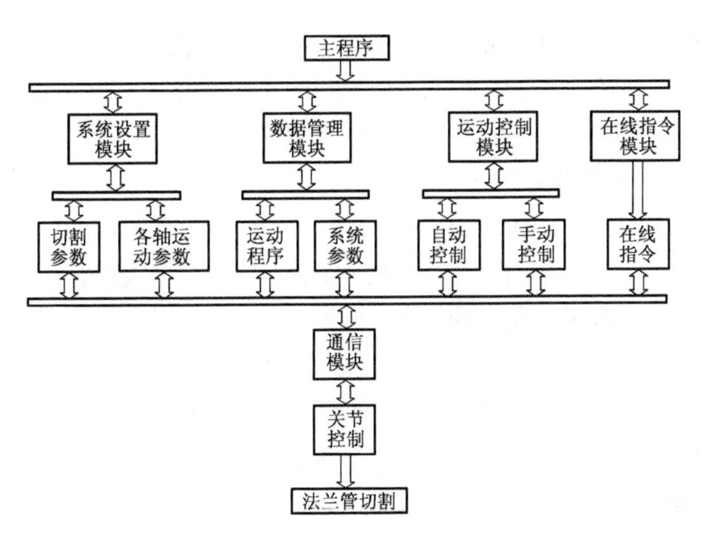

图 3.9　软件系统结构

3.3.3 任务规划器

本书根据法兰管相贯线变坡口角度切割专机控制系统功能结构和软件结构进行程序设计，主要针对切割对象，按照切割工艺要求进行相贯线变坡口角度切割算法的设计和专机关节运动规划等，从而生成切割的控制程序。切割专机主要用于法兰管切割作业，但由于切割对象结构种类不断增加，因此要对切割对象结构种类的智能化做进一步的研究。

3.3.4 控制操作系统平台

工业控制计算机技术和软件开发技术的迅速发展，形成了各种类型的操作系统，以满足不同的工程应用需求。工控一体机多 CPU 技术，Win7 操作系统是可裁剪的 Windows 的嵌入操作系统，是多进程、多线程、多任务操作系统，具有如下特点。

(1)标准、易操作的图形界面

Win7 的图形用户界面具有操作简单的特点，通过工控一体机电容触摸屏可以完成许多操作任务，因而图形形象生动、系统易操作、人机交互友好而广受欢迎，在工业控制当中得到广泛应用。

(2)多线程和多任务

Win7 是一个多线程、多任务的操作系统，操作系统可以在同一时间并行运行多个应用程序，或者在一个程序中应用多线程运行多个事情，提高了系统资源的利用效率。

(3)支持标准接口

工控一体机作为硬件核心和 Win7 作为操作系统平台为用户提供了显示器、RS232、RS485 等设备的标准接口驱动程序；遥控手操器通过 RS232 与工控一体机进行通信，RS232 与 SCM304 多轴运动控制卡通过 WAN 总线进行连接。

(4)存储和拓展功能

Win7 拥有大容量的数据存储能力,具有强大的网络功能,可通过网络在线升级和远程维护。

3.3.5　人机交互系统开发

人机交互友好是操作系统很重要的一个指标,其主要作用是控制有关设备的运行和理解并执行由人机交互设备传来的各种相关命令和要求。控制系统采用美国 Micorosoft 公司开发的面向对象的 VS13 可视化软件,在 Win7 下的软件开发也是图形化的软件开发,VS13 软件具有如下特点。

(1)多线程应用

一个软件工程里有多个任务同时运行时,可以用多线程技术给不同的程序任务赋予不同优先权,使那些任务能得到更多的 CPU 时间,可以将多个任务分布到多个线程当中。多线程具有明显的好处,每个线程被分配一个 CPU 时间段,通过多线程可以充分利用宝贵的 CPU 时间资源,提高软件使用效率。

(2)功能强大

VS13 软件可以方便地建立控制程序的软件系统框架。它提供了各种标准控件,能够直接进行用户软件界面设计,能够对对话框、工具条等各种资源进行可视化设计,可实现视图显示、操作交互、图形报告和特征处理等。

(3)面向对象的编程

为了最大限度地利用已有的资源和减少新任务的开发工作量,软件开发过程采取面向对象的程序设计方法,这种设计方法中最突出的两个特点是封装性和继承性。编程过程是分析与确定对象中共同的行为,即建立必要的类,在类中进一步抽象共同行为,建立类的层次结构实现编程细化。

软件系统结构如图 3.10 所示。

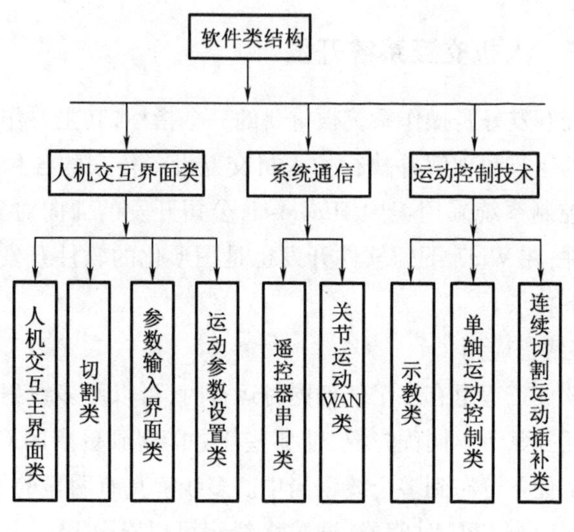

图 3.10　软件系统结构

3.3.6　人机界面设计

本书在实际设计过程中,把软件设计过程分为方案、开发、维护和升级四个阶段,即通过可行性研究,提出合理方案;对功能进行划分、编程、组装和调试;在使用过程当中,根据实际需要进行软件的升级与维护。

数控法兰管相贯线变坡口角度切割专机采用 VS13 软件进行人机界面的设计,VS13 软件提供了一个类向导 Class Wizard,能够建立各种消息映射、成员变量等工作;在 VS13 软件下可以方便地使用动态连接库、静态连接库、控件,这极大方便了 VS13 软件下应用软件的开发。

数控法兰管相贯线变坡口角度切割专机的数控系统人机交互主界面如图3.11所示。连续切割过程主要包括两部分：首先是穿孔并切入相贯线；然后是相贯线变坡口角度切割。因为存在割缝，在切割时需进行割缝补偿，且割缝随切割角度不同而变化，以保证切割精度。

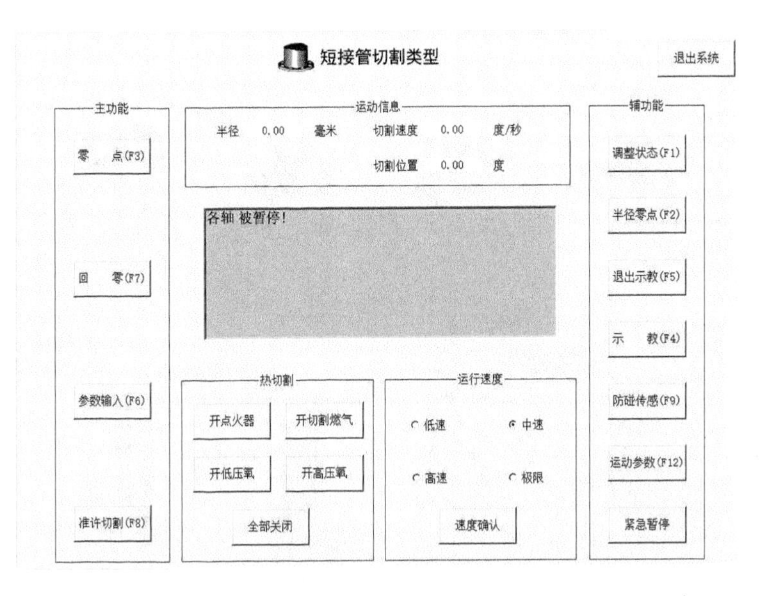

图3.11　人机交互主界面

切割类型选择人机交互界面如图3.12所示。

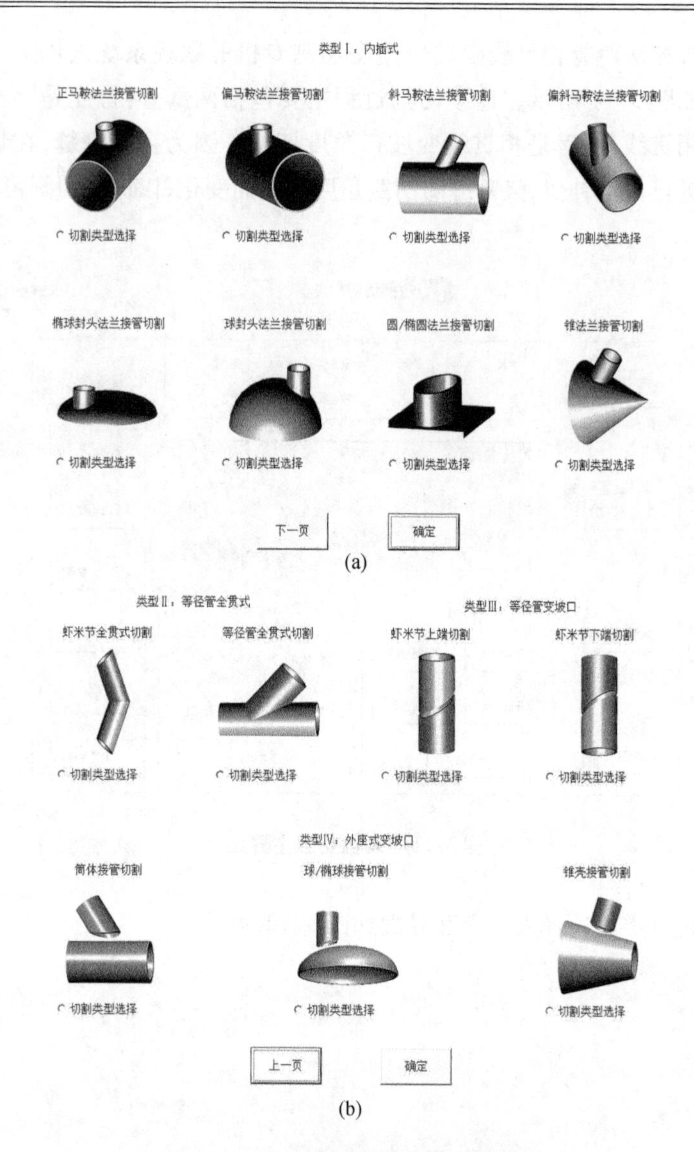

图 3.12　切割类型选择人机交互界面

法兰管与筒体内插式切割目前占法兰管切割种类的比例很大，这种结构法兰管轴心与筒体轴心垂直相交，其参数化输入界面如图 3.13 所示，参数包括筒体内径，法兰管内径、外径。法兰管内壁、外壁分别与筒体内壁形成各自的相贯线，外壁相贯线和内壁相贯线沿着法兰管的轴向剖面绕管周向形成空间异形曲面，即待切割表面为空间异形曲面，切割速度应沿着周向实时变化。此外，参数化输入界面还包括在线跟踪功能，因为法兰管存在圆度误差，或者法兰管装卡不正，在这种情况下在线跟踪功能不可或缺。

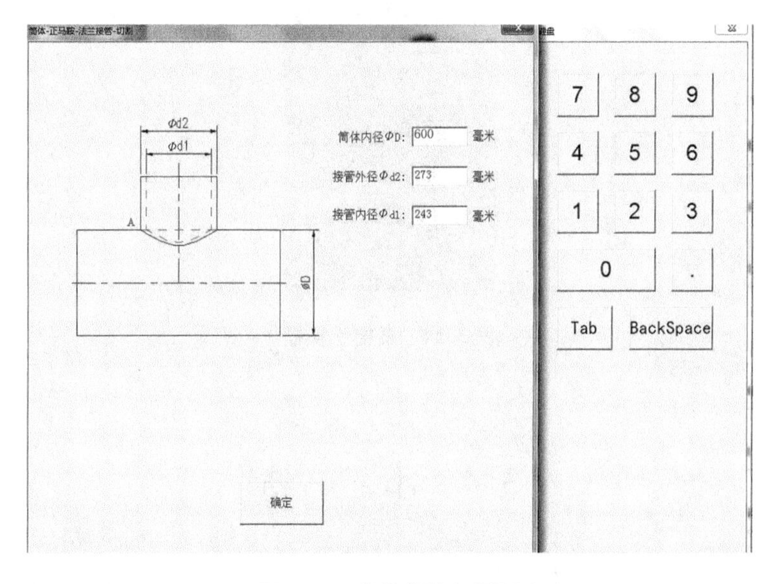

图 3.13　参数化输入界面

3.3.7　遥控手操器

数控系统配合遥控手操器，进行相关运动控制以及功能实现等，法兰管相贯线变坡口角度切割专机的遥控手操器如图3.14所示,其采用APC802与STM32F103RDT6芯片为核心。

通过软硬件平台,切割专机控制系统软件的人机交互界面系统形成了完整的数控系统平台。数控系统的人机交互界面有电容触摸屏、遥控手操器、USB接口、串口,用于数据的交互、保存和分析。

图3.14　遥控手操器

3.4　小　　结

本章设计了切割专机控制系统的硬件体系结构、切割算法和软件体系结构,设计的切割专机具有良好的开放式软硬件体系结构以及良好的人机交互界面。

第4章　法兰管相贯线变坡口角度切割专机切割实验研究

法兰管相贯线变坡口角度切割专机的切割实验是一项工作量大、费用和技术难度高的工作，只有通过实际切割作业才能对其切割性能进行检验。本书通过实际切割实验，验证了切割专机的结构和控制系统设计的合理性和实用性，并通过法兰管切割实验检验切割专机的整体性能；分析实验结果以进一步对切割专机的机械结构和控制系统进行完善和升级。

4.1　切割辅助装置

4.1.1　氧气乙炔火焰切割系统

氧气乙炔切割是利用气体火焰的热能将工件切割处预热到燃点后，喷出高速切割氧流，使金属燃烧并放出热量而实现切割的方法。

钢材的氧气乙炔火焰切割是利用气体火焰（预热火焰）将钢材表层加热到燃点，并形成活化状态，然后送进高纯度、高流速的切割氧，使钢中的铁在氧氛围中燃烧生成氧化铁熔渣同时放出大量的热，借助这些燃烧热和熔渣不断加热钢材的下层和切口前缘使之也达到燃点，直至工件的底部；与此同时，切割氧流的动量把熔渣吹除，从而形成切口将钢材割开。因此,从宏观上来说,氧气乙炔火焰切割是钢中的铁(广义上来说是金属)在高纯度氧中燃烧的化学过程和借切割氧流动量排除熔渣的物理过程相结合的一种加工方法。

具体切割过程描述如下:先打开预热氧及乙炔阀门,点燃预热火焰,将火焰调成中性焰,将工件割口的起始处加热到燃点以上;然后打开切割氧气阀门,割炬中心放出的高压氧与高温工件接触,立即产生剧烈的氧化反应,液态氧化物迅速被氧气流吹走,下一层与氧接触,继续燃烧,从而将被切金属从表面烧到深层以至穿透,随着割炬向前移动使工件形成一道切口。

4.1.2 等离子切割系统

等离子切割是利用高温等离子电弧的热量使工件切口处的金属局部熔化(和蒸发),并借高速等离子的动量排除熔融金属以形成切口的一种方法。

等离子切割配合不同的工作气体可以切割各种氧气乙炔火焰切割法难以切割的金属,尤其是对于有色金属(不锈钢、铝、铜、钛、镍)切割效果更佳。其主要优点在于切割厚度较小的金属时,等离子切割速度快,尤其在切割普通碳素钢薄板时,速度可达氧气乙炔火焰切割法的5~6倍,且切割面光洁、热变形小、热影响区较小。

4.2 切割工艺参数

4.2.1 热切割

热切割是指利用集中热能使材料熔化或燃烧并分离的方法。热切割广泛用于工业金属材料下料、零部件的加工、废品废料解体以及安装和拆除等。

热切割常用作焊接前的焊件下料和接头坡口加工,因此通常将热切割归并在机械加工技术领域内。热切割具有如下优点:

①切割钢铁的速度比刀片移动式机械切割工艺快,对于机械切割法难于产生的切割形状和达到的切割厚度,其可以很经济地实现;

②热切割设备费用较机械切割工具低;

③切割过程中,可以在一个很小的半径范围内快速改变切割方向,通过移动切割器而不是移动金属块来快速切割大金属板。

4.2.2　切割坡口形式

切割专机切割类型包括四大类共计十五种切割类型:容器壳体内插式、容器壳体外座式、等径管全贯式、等径管变坡口式。坡口角度为变角度:内插式变坡口角度、外座式变坡口角度、等径管变坡口角度。

4.3　实 验 步 骤

4.3.1　设备整体安装

安装时,将机械系统、控制系统、切割电源、切割系统等设备组装好,组成法兰管相贯线变坡口角度切割专机。

4.3.2　设备调试运行

保证法兰管相贯线变坡口角度切割专机数控系统稳定可靠地运行,并使专机的定位精度和重复定位精度满足切割工艺的要求。

4.3.3 切割气源准备

碳钢通常采用氧气乙炔火焰热切割方式,氧气乙炔火焰切割成本相对较低。不锈钢采用等离子切割系统进行切割,等离子切割系统成本相对较高,尤其是切割厚度较大的不锈钢材料,因为需要大功率等离子电源。

4.3.4 法兰管装卡

首先将待切割法兰管倒置放置在立车卡盘中间,并用卡爪将待切割法兰管装卡定位于立车卡盘正中间。

4.3.5 切割作业

切割过程如下:调整割枪,确定好切割初始点位置;切割作业,首先由法兰管端部边缘预热缓慢切入相贯线,再进行绕管相贯线变坡口角度切割;经过连续切割完成一个切割工作流程,切割工作完成,收弧并关闭系统。

4.3.6 切割面氧化皮处理

碳钢被氧气乙炔火焰割枪切割之后,表面会形成一层氧化皮,通常情况下,工人会手持砂轮进行打磨。此外,高压水也可以进行氧化皮清洗。氧化皮经历了切割火焰的高温和急冷收缩,与基体法兰管母材剥离,高压水形成的具有很大冲击力的扇形水束,喷射到碳钢表面,从而将氧化皮清除干净。

4.4 切割实验

采用本书研发的法兰管相贯线变坡口角度切割专机进行切割实验,以验证切割专机各方面的性能,包括四轴机械结构设计的合理性、控制系统的控制能力、人机交互系统的友好性、热切割系统的可靠性、数控系统的稳定性以及操控的实用性等。按照空间结构参数要求,在切割前对法兰管尺寸、法兰管圆度和形状进行检测。外观检测的目的主要是在切割时能及时发现质量问题并及时返修,保证切割质量。

气体压力对切割质量的影响:气体压力过低时,不易穿透,切割时间增加;气体压力太高时,造成穿透点熔化,形成大的熔化点。所以薄板穿孔选择的气体压力较低,厚板则较高。

切割速度对切口的影响:如果切割速度过快,火花乱喷,有些区域可以切透,但有些区域无法切透,整个断面较粗糙,断面呈斜条纹路,且下半部产生熔渍;如果切割速度过慢,造成过熔,断面较粗糙,切缝变宽,整个尖角部位熔化,影响切割效率。

图 4.1 所示为法兰管相贯线变坡口角度切割实验,图中示出了对多种法兰管的切割。

(a)

(b)

图 4.1　切割实验

(c) (d)

(e) (f)

图 4.1(续)

4.5 实验结果

在法兰管相贯线变坡口角度切割专机切割实验过程中,切割专机数控系统运动平稳;专机控制过程中,割枪能够很好地实现运动协调控制,运动过程平稳,切割过程中没有发生抖动以及爬行的现象。

法兰管切割实验验证了法兰管相贯线变坡口角度切割专机总体性能稳定,四轴联动机械本体结构设计合理、切割专机控制系统稳定、可靠、实用性强。

本书研究的专机已经通过产学研平台,在国内多家企业得以成功应用,用户已经达到十余家。实验表明其是一种具有效率高、可靠性好、能大量减少工人劳动强度且切割质量优良的数控法兰管相贯线变坡口角度切割专机,能够实现多种形式的法兰管切割。

4.6 小　　结

本章利用法兰管相贯线变坡口角度切割专机对多种法兰管进行现场切割实验,实验结果表明:系统运行可靠稳定;切割专机具有较高的定位精度、重复定位精度,保证了切割精度;人机交互界面简单友好,控制方便。

参 考 文 献

[1] 李浩. 海洋工程管子相贯线坡口切割专家 FastCAM[J]. 金属加工(热加工), 2009(20): 14-15.

[2] 葛国政. 数控管子相贯线火焰切割机的研制[J]. 焊接技术, 2006, 35(2): 45-47.

[3] 董本志. 管件带坡口相贯线数控切割建模与仿真研究[D]. 哈尔滨: 东北林业大学, 2010.

[4] 顾文成. 马鞍形自动焊机的研制[J]. 机械研究与应用, 2016, 29(4): 76-78.

[5] 王强, 徐雷, 彭少峰. 管-环相贯焊接装配面及开孔数学模型与仿真[J]. 山东大学学报(工学版), 2015, 45(6): 71-75.

[6] 陆尧. 机器人马鞍形切割变坡口优化设计与试验研究[D]. 镇江: 江苏科技大学, 2016.

[7] 于涛. H公司压力容器制造中切割质量改善研究[D]. 哈尔滨: 哈尔滨工业大学, 2020.

[8] 贾安东, 李宝清, 闫祥安, 等. 数控切管机一次完成多次搭接相贯坡口切割的方法[J]. 焊接学报, 1999(S1): 34-39.

[9] 程琳, 王士军, 杨泽原, 等. 异径圆管相贯线数学模型及其平面展开曲线逼近算法[J]. 机械设计, 2017, 34(7): 34-37.

[10] 邱杰, 曲博林, 曲翔宇. 相贯管切割角度计算分析[J]. 中外能源, 2013, 18(8): 64-69.